U0209021

# 意外简单的收纳术

物が多くても、狭くてもできる
いつまでも美しく暮らす収納のルール

[日] 水越美枝子 —— 著　曹永洁 —— 译

中信出版集团 · 北京

# 谁都能把家整理好

当大家听到"漂亮的房间"，脑海中会浮现怎样的画面？是整洁、没有杂物的房间，是布局合理的房间，还是装潢精致的房间？

实际上，漂亮房间的关键还是在"收纳"。如果把住宅比喻为舞台，那么收纳就是后台，后台发挥良好的作用，舞台才能成功。通过收纳，把不想示人的东西悉数藏起来，才能呈现出美观的居室。

我常年从事住宅设计工作，每当看到客户们整洁舒适地度过每一天，都不由得感叹塑造一个成功的"后台"对美化居家空间的重要性。

我对住宅的思考，始于17年前设计我自己的家的时候。因为还要照顾孩子，每天都很忙碌，顾及这一点，我首先考虑的是需要一个不用整理就井然有序的家，一个不刻意做什么也能保持美好日常的家，一个全家人可以携手合作的家，一个不管何时何人来访都能大方招待入内的家。

即使是现在，我也会在全家人吃过早饭的餐桌旁，接受杂志的采访或进行工作上的洽谈。为了让客户亲身体会家的整体感觉，我也会约客户来家里商谈。之所以能做到这些，都要归功于"收纳"的力量。

有些人的家怎么整理都乱，不舍得扔东西、不擅长整理之类的原因，我认为都是次要的。因为把原因归结为性格和能力的问题，往往自责之余也就放弃了整理。但是，真正的原因其实更多是空间规划的问题，比如收纳空间的形状、大小有问题，或者收纳场所并没有考虑活动路线等。

收纳是一门学问，如果在理解的基础上好好运用，就一定能把房间整理好。生活过得整洁舒适，家务也能有效率地完成，那么在家里度过的时光就会是最幸福的。

我在见证了众多居住实例的基础上，写成了这本书。请大家掌握"收纳"的学问，把您的家打造成"每天都舒适度过"的地方吧！

目录

Contents

一

第 1 章

成功收纳的秘诀

# 第 2 章
## 增加收纳空间无须"断舍离"

# 第 3 章
## 各房间的高效收纳术

第 4 章

让家更漂亮

第 **1** 章

成
功
收
纳
的
秘
诀

收拾整洁的餐厅。多余物品都
藏了起来，凸显桌子上的料理。
（沼尻家）

## 你是否在让生活迎合住宅?

你是否停下脚步考虑过自己想过一种怎样的生活? 几十年间, 我们的生活方式发生了显著变化——日常习惯、过日子的方式、家务的处理方式、珍视的东西等, 与我们的父辈已经大相径庭。

但是住宅的构造却几乎没有什么变化。我感觉很多人都拘泥于住宅构造, 在忍耐着度日。比如"收纳空间很小, 必须减少物品"或"这里放不下东西, 需要在别的房间工作", 等等。这些会在不知不觉间, 给有的人造成巨大压力。住宅的主角, 应该是"人"。你应该再考虑一下, 不要让生活去迎合住宅, 而要根据自己的生活方式来构建住宅。

## 整理不好的原因，100%在于家的空间设计

市面上随处可见以"收纳"和"整理"为主题的书籍，但很多人都说"虽然买了好几本来读，但仍然收拾不好"，为什么会有这么多的人为收纳问题所苦呢？

"因为我不舍得扔东西"或"我不擅长整理东西"，很多人都会这样想，但我并不这样认为。我的观点是：整理不好的原因，100%在于家的空间设计。

因为工作关系，我参观过很多人的家，能妥善整理好的真的只有一小部分。多数家庭要么收纳空间不足，要么就是好不容易整理出的收纳空间并不合乎自己的生活习惯，因此大家也都习惯性地想"这样真的整理不好了"、"乱一点也是没有办法的"。

但是，通过重建或改装，这些关于房间布局和收纳空间的问题都会得到圆满解决。无论是谁，都可以跟从前判若两人，成为整理高手。

有人曾这样说过："以前不愿待在家里，每天总是找由头外出。但现在，窝在家里是最大的享受！"或者说："要是早知道会这样舒服，早就进行改装啦！"也有人说："家里变得随时都可以招待客人，来访者也多了，家庭聚会的次数也增加不少。"

当然，也许会有人提出疑问："那是刚开始的时候，会不会住着住着就乱了呢？"

事实上，如果制造一个符合你的日常习惯，并且能容纳你的所有物品的合理空间的话，是不可能出现反弹现象的。我经手改造的房子，之后任何时候回访，客户家中都保持着整洁的状态。

话虽如此，但重建和改造工程对谁都不是一件简单的事。其实，保持原有格局，通过增加收纳空间、选择适合自己习惯的收纳方式，从而使生活变得舒适惬意，也是可能的。这样的方法我会多介绍一些给大家。

这是一对夫妇和在上幼儿园的孩子一起生活的客厅，没有任何过高的家具，不会带来压迫感，一家人可以心情愉悦地度日。（南家）

## 收纳时要充分利用空间

"我们家的收纳空间太少，东西放不下！"有这种苦恼的人恐怕很多吧。

事实上，收纳空间不足的家庭确实很多，但由于没有充分利用收纳空间而造成"空间浪费"的也不在少数。

浪费最多的还是收纳空间内部。请打开家里的橱柜或储物间看看，虽然你认为已经不能再往里塞东西了，但堆砌的物品上部是不是还有很多富余的空间？通过橱柜隔板的重新设置，以及收纳盒的合理组合，就可以活用这些空间。

另外，看看较深的储物间最里面，是不是放着一些没用的东西？如果处理掉这部分物品，就会生成新的收纳空间。合理的收纳方法可以使收纳空间增加两倍甚至三倍。

## 收纳时要充分利用空间

较大的橱柜可以根据放置物品的多少来调节隔板高度。
充分利用塑料篮子、文件盒等收纳工具。（米崎家）

## 正视"不舍得"的心情

"我们家的东西太多了！""虽然也觉得有必要扔掉一些，但是……"家里整理得不好的人经常会这样说。

"还能用，扔掉太可惜了。"孩子小的时候用过的东西凝结着美好的回忆，"不舍得放手，将来后悔了怎么办？"大概诸如此类的心情都会交织在一起吧。

我在着手设计的时候，必须要做一件事：把客户家中所有房间、所有收纳空间内部都照下来。把照片跟设计图一起给客户看，然后制订计划，决定各种物品的收纳场所。我的公司把这称为"收纳诊断"。

通过照片审视自己每天都看惯了的场景，大家都大吃一惊："我们家原来有这么多东西啊！""这里有的东西，那里也有啊！"然后慢慢地，就会生出减少物品的决心来。

为了能客观地审视家中物品的总量，尝试自己来做一次收纳诊断怎么样？当你亲眼看见那些东西，就很容易判断哪些是"需要舍弃的物品"，哪些是

"需要保留的物品"。

对至此仍然说"扔了太可惜"的人,我想说:"被无用的东西占领的空间才
是最可惜的。"

**把整个房子的照片都拍下来**
在改造前,把整个房子的照片拍下来。这是为了便
于商量收纳场所而做的一项工作,但在让房主自觉
认识到家里物品之多上也很有效果。

## 把收纳场所与人的活动路线结合起来考虑

"这个能不能塞到哪里去啊?"这样想着,四处一找,果然发现了一点小空间,塞进去试试,大小正好!那就先暂时搁那儿吧……大家有没有过这样的经历呢?

我把它称为"量身定做的陷阱",如果落入这个陷阱,家里会越来越不好整理。

收纳不是拼图,比起把物品放到合乎尺寸的空间,在你需要使用的时候,它就在附近会更方便。即使你费力为它指定了一个收纳位置,如果不在你的活动路线上,也没有任何意义。距离使用场所较远,收拾起来更麻烦,一方面容易产生家务的压力,另一方面物品也容易有去无回,从而降低做家务的效率。

首先,请以"在什么场所做什么事情"为出发点重新审视整个房子。孩子在哪里玩?在哪里学习?外出归来的丈夫在哪里换衣服?谁用电脑?在哪里用?诸如此类。

参考第16页的收纳场所检查表来检查一下吧。把收纳与活动路线结合起来考虑，既可以减少不必要的动作，也可以减少物品有去无回、下落不明和丢三落四等情况的发生。

把"这个空间太浪费了，放点什么吧"的想法，变成"在物品的使用场所附近为它设置固定位置"的想法，请试着改变一下吧。

**把药品收纳在厨房里**
考虑到吃药的时候必须要喝水，把药放在厨房里也是不错的选择。还可以防止忘记吃药。抽屉里还收纳了围裙。（津贺家）

考虑活动路线的收纳案例

1.上衣、包、手套、帽子等外出必需品全部收纳在玄关柜内。（南家）2.在儿童房门口设置网状挂物架，外出时需要的小物可以用挂钩挂在上面。（佐藤家）3.烹饪时，一步也不用走动，伸手就可以取到调味品。（船户家）4.带去练习场的运动包会装上毛巾和换洗衣物，因此放在盥洗室比放在玄关更方便。（岩泽家）

**睡衣放在盥洗室**

睡衣、内衣等不要放在衣橱里,而是放在盥洗室,这样就不用来回拿取了。家里每个人的物品都用篮子分装好。(南家)

**晾衣架放在阳台附近**

晾衣架如果想收起来,可以放在沙发前的桌子里。正好在进出阳台的必经之路上。(水越家)

## 收纳场所检查表

将以下各项填入下面的表格中，重新考虑各类物品应该收纳到家里的什么地方，并记入表格。

a.经常乱放; b.经常被家人询问放置的位置; c.感觉收纳场所有些远;
d.感觉取用的时候较麻烦; e.经常找不到。

| | 物品 | 诊断 | 合适的收纳位置 | | 物品 | 诊断 | 合适的收纳位置 |
|---|---|---|---|---|---|---|---|
| 1 | 帽子、手套 | | | 26 | 电脑以及周边设备 | | |
| 2 | 家人的外套 | | | 27 | 电话、传真机 | | |
| 3 | 客人的外套 | | | 28 | 筷子、刀叉、勺子类 | | |
| 4 | 毛巾、抽纸 | | | 29 | 碗盘类 | | |
| 5 | 外出运动用毛巾 | | | 30 | 茶杯、咖啡杯 | | |
| 6 | 口罩、暖宝宝 | | | 31 | 桌布、餐垫 | | |
| 7 | 纸袋(备用品) | | | 32 | 厨房垃圾放置处 | | |
| 8 | 旧报纸、旧杂志 | | | 33 | 瓶子、易拉罐、塑料瓶的放置处 | | |
| 9 | 打包用的胶带、剪刀、绳子 | | | 34 | 塑料垃圾的放置处 | | |
| 10 | 全家公用的文具(备用品) | | | 35 | 食物储备 | | |
| 11 | 家人的就诊单 | | | 36 | 不常用的烹饪工具 | | |
| 12 | 医院的发票 | | | 37 | 客人用擦手毛巾 | | |
| 13 | 指甲刀、挖耳勺、体温计 | | | 38 | 花瓶 | | |
| 14 | 蜡烛、火柴 | | | 39 | 睡衣 | | |
| 15 | 主妇用的文具、笔记本 | | | 40 | 内衣 | | |
| 16 | 便签、信封、明信片、邮票 | | | 41 | 备用毛巾 | | |
| 17 | 家电说明书、质量保证书 | | | 42 | 备用洗涤剂 | | |
| 18 | 住宅相关的文件 | | | 43 | 抽纸、厕纸(备用) | | |
| 19 | 孩子相关的文件 | | | 44 | 吸尘器 | | |
| 20 | 工具 | | | 45 | 过季的寝具 | | |
| 21 | 缝纫箱 | | | 46 | 当季使用的暖风机、电风扇 | | |
| 22 | 药箱 | | | 47 | 电灯泡(备用) | | |
| 23 | 相册 | | | 48 | 备用电池、废电池 | | |
| 24 | 熨斗、熨衣板 | | | 49 | 体育器械 | | |
| 25 | 摄像机、照相机 | | | 50 | CD、DVD等 | | |

## 为每一件物品规划固定的收纳位置

"怎么收拾都乱","家人乱放东西,让人头疼",出现这些问题的原因或许就在于没有为物品选定一个固定场所。为物品找一个"家",是非常重要的事。做出简单易懂的标识,并规定物品用完必须归回原处,这样全家人都帮得上忙。

不光是家人,为了给照顾孩子的长辈、保姆、家庭护理员等提供方便,简单易懂地标明什么物品在什么位置,也是非常重要的。

决定放置的位置时,重要的是要选择合乎行动路线的位置。全家人经常使用的物品应该注意放在醒目且易取放的高度。

家里不常有的物品,也应该给它们指定收纳位置。比如孩子周末才带回家的便当盒、外卖食品的盒子以及商品目录等。另外,像是只穿过一次、还没清洗的围裙等不急于处理的物品,也最好有专门的地方放置。类似这样的物品如果不任由它们零散放置的话,住宅的印象分会提升很多。

## 以浅收纳为基本原则

像壁橱这种比较深的收纳空间，其实是很难充分利用的。因为看不到深处放了什么东西，寻找起来也特别费时间。而且，放入深处的物品一旦需要取出，必须把前面的物品挪开，对于上年纪的人来说，取放东西都是一种体力上的负担。不知不觉间忘记里面放了些什么东西，也是常有的事。

我认为，进深为30厘米的浅收纳空间会为生活带来巨大的便利。30厘米看似很浅，却是可以容纳任何物品的尺寸。A4大小的文件、杂志也正好可以放入。如果按照这个原则设置一个顶天立地的大范围收纳空间，它会发挥出令你吃惊的收纳力（参见第40页的塔式收纳）。

进深较浅的收纳空间一目了然，防止乱买东西和过量储备。这样的收纳空间也不会抢占外部空间，住起来更宽敞。那些觉得收纳空间不够的人，先研究一下家里的空间设置吧。

**1** **2**

## 进深较浅的塔式收纳

1.需要收纳众多物品的盥洗室，顶天立地的浅收纳架是最理想的。（原家）

2.进深35厘米的塔式收纳空间，A4大小的文件盒可以正好放进去，整理起来很方便。（藤田家）

## 考虑视线高度

收纳物品的时候，考虑视线高度来选择位置非常重要。在自己以及家人视线可及的高度放置平日常用的物品，会方便很多。

不妨检查一下鞋柜、盥洗室及厨房的橱柜里，经常使用的物品都放在了怎样的高度。

也有家庭把物品的固定收纳位置设在孩子能平视的地方，这样孩子自己就能整理。

**视线以下的位置用篮子收纳**

厨房的餐边柜，低于视线的位置采用抽屉式收纳工具更方便。网眼状的抽屉透气性更好。（船户家）

**烤箱放在平视位置**

这是开设面点培训班的家庭的厨房橱柜。把一天内要打开很多次的烤箱放在视线高度，最下面是发酵器。（船户家）

## 做家务的步数与压力成正比

做家务的时候，步行距离越短就会越轻松。或许有人会认为"在家里的步行距离，那能有多远呀"，但家务每天都得做。在需要兼顾工作和家庭的女性不断增多的今日，为了减轻家务负担，考虑行动效率是很重要的。

比如洗衣服。想想洗、晾、收过程的活动路线，每一个步骤需要走多少步？如果晾衣服和收放衣服的位置距离较远，把洗好的衣物拿过去就会很麻烦，很容易就会产生"先放在客厅里吧"的想法。如果洗衣机、晾衣处和衣橱都在附近，活动路线就会流畅很多。

家务的活动路线过长，也是家人无法帮忙做家务的原因之一。据说有的家庭改善活动路线以后，丈夫也开始帮忙做家务了。

试试能缩短活动路线的收纳方法吧，你会体验到前所未有的舒适和惬意，不想再回到原来的生活了。

1

2

### 使洗衣变得轻松的收纳

1.洗衣房的附近就有壁橱，晾干的衣物马上就可以收起来。（玉木家）2.晾衣服的阳台旁边有衣橱。天花板上设有临时晾衣杆（不用的时候可以取下来）。（南家）

家务活动路线设置合理的厨房和餐厅不会增加家务负担，做起家务来也比较轻松。（船户家）

## "第一梯队"和"第二梯队"分别收纳更轻松

有人说收纳空间内部乱七八糟，很难利用。那是不是把家当成了杂货铺了呢？

比如毛巾。你是不是把所有毛巾都放到了盥洗室的架子上？这样既占空间，使其他物品无处放置，也造成了取用的不便，而且所有毛巾不久就全部变成旧毛巾了。考虑一下家庭成员的人数、洗涤的次数等，就能知道必需的毛巾数量。其余的作为备用品放到别的地方吧。

我把这种组合称为"第一梯队"和"第二梯队"。把必需品作为"第一梯队"，放在容易拿到的地方，其他的备用品作为"第二梯队"，放在离"第一梯队"较近的地方待命。

我会让我的客户在搬入新家之前，把物品按"第一梯队"和"第二梯队"分好。因为很多人都会持有数个同样的东西，如笔、剪刀、指甲刀等。我会让他们只留下现在使用的"第一梯队"，剩下的"第二梯队"分类放入带拉链的透明袋里。"第一梯队"用完了，就从"第二梯队"补给。通过这种方式，你会马上注意到备用品过多，可以减少购入，整理起来也更轻松。

生活简单的人擅长尽情使用。只买好的东西，只买必需的数量，尽情使用，用旧了再买新的。把家里物品的数量控制在方便整理的范围内，这种意识在生活中是非常重要的。

**备用文具作为"第二梯队"**

1.餐厅的橱柜里只收纳"第一梯队"。按种类各放入一个。2.备用文具收入带拉链的透明袋里，放在餐桌下的收纳盒内。（水越家）

## 按场所选择收纳方式

设计收纳空间时，选择最适合那个场所及用途的方式尤为重要。

收纳方式主要有四种。

第一种是橱柜收纳。没有压迫感，使房间显得宽敞。台面还可以放东西，摆放装饰品或用来暂时搁置物品都很方便。

第二种是塔式收纳。即进深较浅、高度很高、靠墙收纳的空间。塔式收纳空间可以设置在走廊和盥洗室，能够满足大容量的收纳需求。

第三种是利用装饰性家具收纳。前两种是消除存在感的收纳，而这种可以说是强调存在感的收纳。

第四种是取放物品时，人也踏入其中的步入式收纳。经常用于衣服的收纳。

除此之外，还有天花板、阁楼、床底等地方可以收纳，但我不太推荐，每

## 1. 橱柜收纳

由于没有压迫感，建议用于客厅。如果用矮一点的橱柜，台面还可以用作装饰品的陈列台。（水越家）

## 2. 塔式收纳

进深较浅、高度较高的墙面收纳。推荐在盥洗室或走廊使用，收纳空间不足的家庭也可以用在客厅里，与墙面一体，看上去会很整齐。（藤田家）

## 3. 家具收纳

具有装饰性的收纳家具放在玄关处，可以作为家里的一个亮点。里面盛放有用的物品，可以充分发挥收纳的功能。（水越家）

## 4. 步入式收纳

需要预留人踏入的空间，但内部不需要门，往往成本较低。（原家）

次收放物品都要弯腰或攀爬，增加身体负担，而且把东西放在看不见的地方，很容易造成物品的长期休眠。

在设计大型收纳空间时，是采用步入式收纳还是塔式收纳，往往令人拿不定主意。

步入式收纳不仅需要收纳的空间，还要留出人行的通路，优点是内部空间一目了然，管理物品较方便，而且内部不用设置门，可以降低成本。而靠墙的塔式收纳则不用预留通道，可以有效利用狭小的空间，增加收纳量。

收纳设施的门的选择也会影响使用的方便度。使用敞开式，里面的东西一目了然，更易取放。如果进深较深的话，抽屉式更便利。开得深一点，里面的空间也可以充分利用起来。不过，敞开式和抽屉式要求收纳设施前面有一定的空间，如果不具备这个条件，推荐使用推拉门。

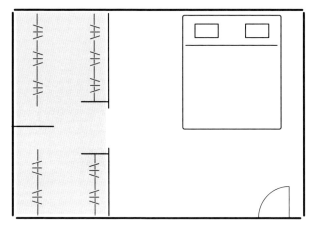

## 步入式收纳

除了收纳空间，还要预留人踏入的空间，但内部不需要门，可以降低成本。

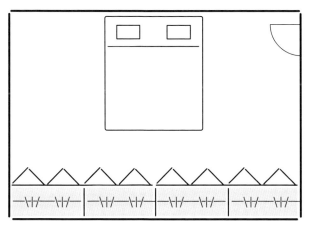

## 墙面收纳

利用了较大的墙面面积，但需要敞开式、推拉或折叠式的门。

## 通过改装增加收纳空间

当你想增加收纳空间的时候，有两个解决方法：一是购买收纳用具，二是改造空间。

选家具其实并不容易。因为家具放在家中非常显眼，必须跟房间的气氛吻合，具有一定装饰性。但是，同时符合这些条件，又适合收纳的却很难找到。另外，家具也会使房间变得拥挤，不易整理。每当物品增多就不断买家具来收纳，导致生活不便且影响美观的例子，我见过很多。

若想增加收纳空间，重新改造部分房间也不失为一个好方法。最近，购买了新公寓，却因为收纳空间不足而前来要求改装的人越来越多。

例如在走廊、客厅设置墙面收纳空间，可以没有压迫感地大幅度增加收纳量。统一柜门和墙壁的颜色，还可以消除收纳空间的存在感。

对房龄40年的公寓的改造。换掉大型餐边柜，增加了背面收纳空间，厨房变得明亮又实用。（西野家）

在厨房的墙上设置橱柜，活用抽屉和吊柜进行收纳，可以放入大量餐具，就没有必要放置单独的餐边柜了。

增加玄关的收纳量，设置一个不仅收纳鞋子，还可以收纳外套和包的空间，会更加便利。

房间改造不仅可以增加收纳量，还可以把收纳空间改造成合乎自己生活风格的形式。例如睡床的家庭应该就用不着内嵌式大壁橱了。进深很深且不能灵活使用的壁橱如果用步入式衣帽间代替，生活就方便多了。还可以把那些碍事的大型收纳家具处理掉。

那些进行了收纳改造的人，都会众口一词地说："之前一直拿不定主意，现在觉得还是应该早点进行！"一位独自生活的70多岁的女性这样说："周围人都说这把岁数了还折腾改造什么呀，但我还是下定决心做了。正因为人生所剩不多，才应该在自己喜欢的房子里舒服度过。"

第 2 章

増加收纳空间无须『断舍离』

## 增加收纳空间最简单的方法

对于那些苦于家里不好收拾、收纳空间不足的人，有人会说："那就减少一些东西呀！"能做到当然是最好的，但我想，正是因为做不到，才有那么多的人因之而苦恼。

请放心！其实，收纳有增加空间的魔力！

那就是在有限的面积内，通过增加橱柜隔板来创造更多空间，增加收纳的有效面积，我把这种方式称为"收纳的高密度化"。

几乎所有的人都会在收纳空间内部留下浪费的闲置空间，如果根据收纳物的高度来合理调节隔板的高度，不留下浪费的空隙，就可以大幅度提升空间的利用率。如第37页的图一样增加隔板，甚至可以使只有1/3叠榻榻米①（约0.54平方米）的面积，增加到4叠榻榻米（约6.5平方米）。如果家里有3个这样的地方，那么合计就能创造出12叠榻榻米（约19平方米）的面积。

---

① 在日本，房间的面积也可以用榻榻米的块数来计算。一块称为一叠，尺寸通常为宽90厘米，长180厘米。——编者注

在这些制造出来的空间里，利用进深和高度合适的收纳盒或篮子，进行有效、无浪费的收纳吧。另外，看不见深处的收纳空间里往往塞满了不用的东西，清除这些东西也就增加了收纳空间，居住面积也会增加。

高密度收纳是小面积房子住着宽敞的秘诀！

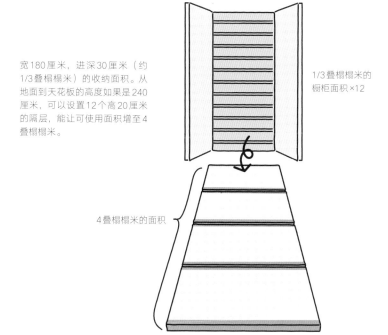

宽180厘米，进深30厘米（约1/3叠榻榻米）的收纳面积。从地面到天花板的高度如果是240厘米，可以设置12个高20厘米的隔层，能让可使用面积增至4叠榻榻米。

1/3叠榻榻米的橱柜面积×12

4叠榻榻米的面积

在客厅设置的覆盖整面墙的高密度塔式收纳空间。35厘米的进深配合各种适当尺寸的盒子、篮子等，进行无浪费的有效收纳。（藤田家）

**可以根据收纳物品的高度调节隔层的高度**

设置在走廊里的进深较浅的塔式收纳空间。可以根据收纳物品的高度调节隔层的高度，不会造成空间的浪费。（泷本家）

**使用"コ"形分隔架**

为了进一步活用一个隔层内的上下空间，可以使用"コ"形分隔架，部分地增加空间。（津贺家）

**自行增加隔板**

如果没有在需要的高度预留孔的话，可以自己在两端设置板材，把隔板放在上面，这样橱柜内部就会多出一层来。（水越家）

**吊柜的位置要结合电器的高度**

常用的厨房电器大多会放在橱柜台面上，可以根据电器的高度来设置吊柜。（水越家）

## 顶天立地的"塔式收纳"

所谓"塔式收纳"，指的是进深30厘米左右，从地面到天花板的收纳空间。这种进深较浅、个头较大的塔式收纳空间，我一般都会尽可能大面积地设置。

进深30厘米的话，可以放入A4大小的整理盒，如果多放入隔板，进行高密度收纳，可以放下比预想中更多的物品。而且进深较浅，里面的物品一目了然，可以防止重复购买或过量购买。

设计塔式收纳空间时，把门和墙面的颜色统一起来，同时，把从地板到天花板的整面墙都利用起来，不留空余墙面，能减轻收纳空间的存在感。

这种高密度塔式收纳空间特别适合在盥洗室、玄关以及走廊的墙面设置。如果收纳空间严重不足，在客厅一角也可以设置，不过最好设置在从门口进来时，不会一眼就看到的位置。

**走廊的塔式收纳**

利用从玄关到客厅的走廊的墙面设置进深30厘米的塔式收纳柜。日用品及其备用品都收纳在里面。
（津贺家）

**客厅的塔式收纳**

设在客厅一角的塔式收纳柜。 由于门前有富余空间，门被设计为敞开式。关上门的话整体看上去跟墙一样，不引人注目。
（玉木家）

## 通过空间分割增加收纳量

你能在客人面前大方地打开收纳柜的门吗？对此有抵触的人恐怕很多吧。如果打开门，里面也整整齐齐的话，是一件令人心情愉悦的事。因为这里是一天要反复开关几次的地方，令人心情愉悦的话可以激发生活的动力。

收纳柜内部也可以利用盒子、箱子、文件夹等工具进行妥善整理。即使盒子内部东西比较乱，但如果分类明确，也能迅速找到，而且外观也不乱。用抽屉收纳也是一样。

通过空间分割，里面的物品更方便寻找是理所当然的事，但不可思议的是，空间分割会让收纳量也切实增加。从平置摆放改为纵向收纳，空间利用率会有所上升，取用也方便得多。

这是即使不花钱改装，自己也能轻松增加收纳量的最简便的方法。

利用文件盒、塑料篮等作为包的收纳工具，优点是可以竖着摆放，不用担心变形。（泷本家）

## 通过空间分割增加收纳量

1.厨房抽屉内部。刀叉等餐具类用盒子来分装。2.盘子类也用盒子分装收纳。抽拉时不会滑动，避免碰撞。（岛田家）3.做便当时使用的道具、橡皮筋、牙签等也分类隔开收纳，不容易弄乱。（南家）

厨房用的保鲜膜、备用桌布等用文件盒收纳，即使放在高处也容易取用。（泷本家）

## 内部收纳多用白色篮子

在客户入住新居之前，我会赠送100个100日元（约人民币6元）的篮子，让他们在收纳空间内部使用，便于把所有物品分类整理，也容易把握物品数量。

白色给人以清洁感，打开门时整齐划一，看上去也很美观。塑料材质，即使脏了也容易清洗，底部顺滑，抽拉很方便。组合、替换自由灵活，不用的时候可以摞起来。设置抽屉会很费钱，这种篮子既有抽屉的功能，又很便宜。

A4大小的篮子正好可以放入我常用的进深30厘米的收纳空间。高一点的篮子可以用于适合竖立收纳的物品。有网眼的篮子容易抽拉，方便在吊柜等处使用。还有带标签牌的篮子，可以标注里面放入的物品名称。

但是这种篮子只适用于门内等看不见的场所。在能看得见的地方，还是推荐使用装饰性强的自然素材的用具。

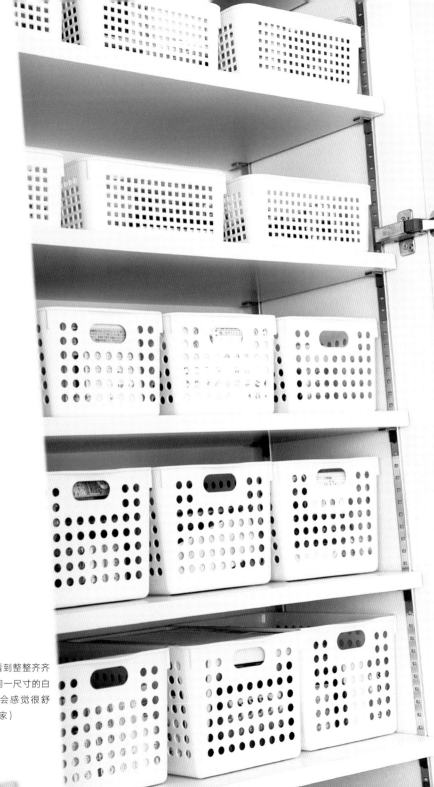

打开门，看到整整齐齐地排列着同一尺寸的白色篮子，会感觉很舒服。（泷本家）

# 方便收纳的白色篮子一览表

为大家介绍一下我经常使用的白色篮子。

带标签牌立式塑料篮（A4）
104×271×178

带标签牌塑料篮（窄型）
133×291×125

带标签牌塑料篮（宽型）
168×290×118

带标签牌塑料篮（深型）
182×264×142

带标签牌塑料篮（长型）
128×301×88

带标签牌塑料篮（B5）
214×289×88

带标签牌塑料篮（A4）
133×291×125

塑料收纳盒（A4）
128×332×233

立式塑料篮（A4）
104×278×178

塑料篮（窄型）
133×295×123

塑料篮（宽型）
166×293×115

塑料篮（深型）
180×274×143

塑料篮（B5）
213×302×87

塑料篮（A4）
264×353×81

厨房用收纳盒（宽/窄）
80×348×50
120×348×50

塑料篮（宽型）
380×260×80

注:尺寸为宽 × 长 × 高（毫米）

## 吊挂、粘贴式收纳

"S"形挂钩是收纳的绝佳搭档。没有多余空间的房间利用"S"形挂钩进行吊挂式收纳，可以有效利用空间。

为了增加收纳量，我经常在墙面上设置网眼挂台。衣橱里也可以利用挂钩收纳包、披肩、腰带等小件物品，比较直观而且易于取放。

最适合吊挂式收纳的场所是收纳柜的门内侧。关上门就看不见了，所以各种各样的物品都可以挂在这里。因为这个原因，对于进深较深的厨房用品收纳橱柜，我一般不会占用整个进深，而是在门和隔板之间留一定空隙。

在厨房这种经常把手弄湿的场所，把物品悬挂起来取用会更方便。厨房收纳空间的门把手尽量选不锈钢材质的，方便擦拭清洁。

### 衣服、装饰用小物等

在衣橱靠墙的一面设置三根挂杆，用来悬挂小物。刚脱下来的衣服还不想收拾时，也可以暂时挂在这里，非常方便。（原家）

### 清扫用具

储藏室内的清扫用具也可以用"S"形挂钩悬挂收纳。既不会歪倒，取用也方便，而且还很卫生。（岩泽家）

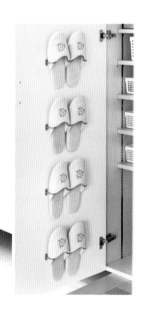

### 拖鞋

在鞋柜门内侧设置挂拖鞋的专用挂钩。拖鞋不用摆放在外，玄关就显得宽敞了。（南家）

### 帽子·墨镜·遮阳伞

在玄关储物间入口的墙面上设置网眼悬挂台，悬挂网眼吊篮，收纳外出使用的小物。（藤田家）

**锅盖**

在厨房收纳空间的门内侧设置挂钩，把容易碍事的锅盖取下来，悬挂收纳。（岛田家）

**香料**

厨房墙壁的一部分放入了磁铁，金属容器可以吸附收纳。（水越家）

**烹饪用具·调味料橱**

在烹饪时伸手可及的位置，设置悬挂烹饪用具的挂杆，以及放调味料的橱柜，会非常方便。（坂井家）

**砧板·抹布**

厨房操作台内侧有一道槽，可以用挂钩搁置砧板、调味料、抹布等。抹布和砧板能在此控干水分，干净卫生。（南家）

## 进深较深的空间活用法

大多数人家里都有进深90厘米的内嵌式壁橱。这样的进深适合收纳叠好的被褥，因此至今仍然被广泛应用。但是要把壁橱用于收纳被褥以外的其他物品时，会因为太深而很难利用。要想很好地灵活使用它，需要立体的收纳功夫。

比如，管状挂杆不仅可以横向设置，纵向也可以，这样一来，闲置的空间就会减少。深处可以设置架子，把使用频率较低的物品用盒子、篮子等分装收纳，活用空间。下层深处可以用来收纳过季的家电、使用频率较低的物品，但要经常检查。外侧可以利用带滑轨的衣架、篮子等，使放在内侧的东西方便取出。

这种方法也可以用于步入式收纳空间以及储藏间里侧，空间利用更充分。

**在柜子内部设置层架**

柜子上层设置了层架,用塑料篮等收纳传统仪式所需的小道具。下层设置了横向和纵向两种管状挂衣杆。(水越家)

**内侧也放一个网状篮子**

设置滑轨,在同一层放入两个篮子。可以根据季节需要调换内外篮子。(水越家)

**管状挂衣杆交错设置**

在步入式收纳间的内部设置高低交错的管状挂衣杆,既方便寻找,也能充分利用空间。(坂井家)

## 走廊收纳拯救物品杂多的家

我想让那些认为家里再没有收纳空间可开发的人关注一个位置——走廊。走廊只是作为通道，未免太可惜了。如果能灵活运用，会大幅度增加住宅的收纳量。只要在墙面上制造一个进深30厘米的大容量塔式收纳柜，就可以了。物品多的家庭或住房面积小的家庭，都推荐使用这个方法。

顶天立地且门都跟墙壁同色的话，关上门就可以消除收纳柜的存在感，如果用不带把手的推按式的门，或者内嵌把手的门，看上去会更干净清爽。

收纳柜内部有能自由调节隔板高度的金属滑轨（可以单独购买），可以跟隔板配套安装。

走廊的收纳空间适合用来收纳备用日用品、工具类、防灾用品、娱乐用品、季节装饰品、全家人共用的物品等。

### 连接两个空间的墙面收纳

从玄关到餐厅的长走廊的墙面，都做成塔式收纳空间。即使打开门，也都是整整齐齐的，看上去很美观。（岩泽家）

### 狭小的盥洗室的走廊收纳

盥洗室旁边的走廊可以设置大容量的塔式收纳空间，用来收纳毛巾、睡衣、内衣、备用洗涤剂等。（津贺家）

## 活用死角的收纳方法

家里总会有一些"死角"。

例如楼梯下，因为放置了家具而不能使用的部分墙面，为了挂装饰画而凹进去的墙面的下部……这些地方也潜藏着增加收纳空间的机会。

利用死角进行收纳的窍门是，如果不说那里设置了收纳空间，就没人能看出来，要尽可能做得不露痕迹。

在这样的地方设计的收纳空间里，正好可以放置符合自己活动路线的物品，是令人兴奋的。客户也会惊叹："原来还可以这样啊！"

你也开动脑筋，想想怎样把毫无用处的空间，变成便利的空间吧！

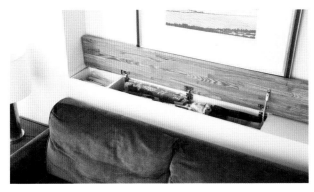

**沙发背面**
为了挂装饰画而凹进去的
墙面下部所产生的空间，
用来放靠垫、盖毯、没
读完的杂志等最合适了。
（沼尻家）

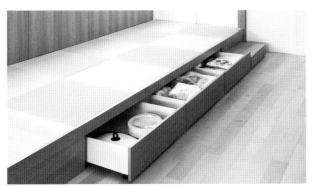

**榻榻米下部**
餐厅旁边设置的榻榻米空
间，下面可以设置抽屉，
用来收纳桌子上的器皿、
做手工艺用的工具等。
（坂井家）

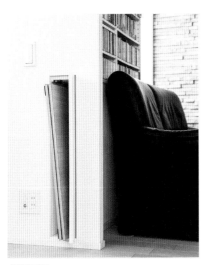

**书架下面**
因为要放置沙发而无法做成书架的部分空间，可
以改为从其他角度取物的收纳空间。在面点培训
时要用的案板正好可以放进去。（船户家）

**调味料架的后面**
为了更方便伸手取用，调味料架设计成向前
凸出的样式，这样一来，后部就产生了一定
空间，用来收纳托盘最合适。（坂井家）

## 在有限的面积里也可以创造收纳空间

很多人会说："我们家很小，已经不能再设计收纳空间了。"从而放弃改建，其实即使面积有限，经过努力也能创造出收纳空间。

例如仅仅在墙面上做一个进深15厘米、顶天立地的高密度塔式收纳空间，就可以容纳超出你想象的大量物品。

厕所、盥洗室狭小，不能设置新的收纳柜的时候，即使只是增加一个层架，或设置一根挂杆悬挂收纳物品，也会方便不少。除此之外，在狭小的储藏间、衣橱等处的墙面上设置网状悬挂台，用"S"形挂钩可以悬挂收纳很多物品。

书籍多的家庭，在楼梯两侧设置书架也是可推荐的方案。每当经过时都会看到这些书籍，全家人会产生"文化共鸣"，也会培养孩子对书籍的兴趣。

**在厕所和盥洗室内设置层架**
二楼的厕所和盥洗室，墙上设有层架作为收纳空间。洗面台的前面设有挂毛巾的挂杆。（小川家）

**20厘米深的空间也有可为**
在狭小的盥洗室中设置进深20厘米的墙面收纳空间。尽管面积小，但隔层较多，洗涤剂、毛巾等可以全部放进去。（泷本家）

**餐厅的桌子下**
带有收纳空间的餐桌也很方便。可以用来收纳书、杂志、文具的"第二梯队"。（水越家）

**楼梯两侧**
楼梯两侧设有书架，每次经过都能看到，对别的家庭成员会看的书也会感兴趣起来。（山田家）

## 不产生空间狭小感的收纳方法

增加收纳空间固然是好事，但如果因此使房间显得狭小，破坏了心情，那就本末倒置了。在狭小的空间内设置收纳空间，要利用视觉效果，营造宽敞的感觉。

例如在狭小的和室内做壁橱时，可以设计成下部空间闲置的吊柜。因为和室是席地而坐的场所，视线较低，解放了下部空间，会产生视觉上的宽敞感。

设置矮柜、吊柜，都是通过释放上部或下部的空间减少压迫感的方法。

另外，把推拉门的其中一扇门做成镜子，也可以使房间显得宽敞。

即使是狭小的空间，也可以通过设计营造舒适的生活环境。

**吊柜**

设置在厨房旁的书房。用悬空的吊柜作书架，可以使空间显得宽敞。（南家）

**柜式收纳**

旧式公寓的玄关比较狭小，进门显眼的地方用矮柜收纳，可以营造没有压迫感的空间。（西野家）

**悬空壁橱**

使壁橱悬空，可以令面积为4叠榻榻米的和室变为6叠榻榻米（约9.7平方米）。席地而坐时会感觉更宽敞。（玉木家）

## 缩小窗户面积，增加收纳空间

曾经有客户来咨询："想要增加客厅的收纳空间，但没有合适的地方。"他们家的房子，有好几个大的落地窗，这是常有的案例。

这种情况，我一般都会建议干脆把窗户的下半部用隔板做成墙壁，然后在那里设置收纳橱柜。这样一来，虽然窗户的大小缩小了一半，但是可以增加收纳空间。大窗户即使改成一半大小，上部也能确保充足的采光。

住在公寓高层的住户，如果窗户过大，会产生飘忽感，无法安心。对这些人来说，把窗户面积缩小，还能改善生活舒适度。

另外，门较多的家庭，墙面面积被占，无处设置收纳空间。这种情况，可以考虑把不常用的门封起来，在两边设置收纳空间。

**在窗户下设置橱柜**

1.把餐厅大窗的一半改为收纳用的橱柜。(藤田家)2.在西南窗下设置橱柜收纳,可以同时解决西晒和收纳问题,打造舒适生活。(船户家)

## 在确保光线和通风的前提下制造收纳空间

我在设计的时候，总是考虑如何在确保采光的前提下，配备必要的收纳装置。自然光能进入的空间，最令人心情愉悦。

但实际上，经常有为了确保收纳空间而无法设置窗户的案例。最有代表性的地方就是盥洗室。即使在白天，不开灯就无法使用的盥洗室不是有很多吗？那里是早上最先使用的场所，需要在那里化妆、佩戴隐形眼镜等，所以我希望还是设计成自然光能够进入的明亮空间。

我通常会在盥洗室的视线高度设置镜子和收纳柜（或者两者兼具），然后在上面设置高窗，如果可能，在底部也设计一个小窗。视线位置封闭，也可以起到遮挡外部视线的效果。这样不仅确保了采光，而且打开窗户可以通风，驱散聚集的异味和湿气。

**盥洗室上部的窗户**
1.在镜子上部设置高窗，营造具有开放感的空间。（原家）
2.在整个盥洗室上部设置窗户，打造明亮的空间。（北原家）

## 换位思考，有效活用空间

当无法随心所欲地设置收纳空间，或者因房间布局很难处理时，通过换位思考改变思维方式，也可以有效利用空间或创造出便利的空间。

例如，想在相邻的两个房间都设置收纳空间，但面积不足，只能在其中一间设置。这种情况的解决方案是：把墙面分为上下两部分，两边房间各取一半设置收纳空间。收纳空间的门不要按照空间的实际大小规划，而是从地面到天花板都做成门，这样外观更整齐美观。

有的时候放弃固有观念，就会产生新思路。我把折叠式熨衣板放在厨房一角，这样就不用每次都要把工具搬运到客厅，而且也不用把客厅弄乱了，很方便。是不是应该把"必须在这里干的活"，都重新认识一下呢？

## 背靠背的收纳空间

1.长女房间内设置了从腰部到地面的收纳空间。从天花板到地板都设为门，跟墙壁一体化。

2.在它背面的和室内，上半部的空间用来收纳被子。（坂井家）

## 以家具为隔断

卧室和客厅连在一起的布局。用矮柜收纳客厅的必要物品，还可以作为空间隔断。（泷本家）

### 厨房一角放置熨衣板

1.放弃"必须在客厅熨烫衣服"的固定概念，可以有效利用空间。2.把厨房餐边柜的一部分作为折叠式熨衣板来使用。（水越家）

### 把橱柜一侧做成杂志架

把厨房橱柜的一侧做成凹进去的杂志架。收纳食谱等杂志，还可以作为装饰。（向山家）

厨房橱柜的下部放置鞋子
厨房一角有侧门的家庭，可以把
上部做成煮咖啡的橱柜，下部作
为收纳鞋子的空间。（坂井家）

**在房间死角设置狗窝**

在客厅的墙中收纳爱犬的小窝,利用了楼梯下的异形空间。小窝并不占用客厅空间,很方便。(坂本家)

**二楼的楼梯扶手处做成书架**

在二楼的儿童空间内设置扶手兼书架。楼梯扶手的死角空间可以用来收纳很多书。(北原家)

第3章

各房间的高效收纳术

## 根据空间用途进行收纳

"这个房间，您想用来做什么呢？"

这是每次制订改建计划时，我一定要问客户的问题。因为根据房间用途的不同，收纳空间的设置方式也会有所不同。

比如，客厅通常是全家人休息放松的场所，但也有人主要用来招待客人。每个家庭所重视的方面是不同的。

在餐厅里，也有人想要进行进餐以外的活动。有的人想在那里看孩子做作业，有的人想招呼朋友来喝茶，有的人会在那里写信。

卧室，有的人只是用来睡觉，也有的人会在那里读书、上网、工作等。

对于那些有兴趣爱好的人，我会问他们："你想在哪里做这些事情呢？"或许有人看见青翠的庭院，就会想在那里心情舒畅地作画。或许有人喜欢窝在没有其他人的房间做自己想做的事情。

改变做家务的场所，也会使整理更轻松。

有的客户总是在客厅里熨烫衣服，等待熨烫的衣服往往都堆在客厅里，熨斗也就常常摊放在那里。在我的建议下，她把熨斗和熨衣板的收纳位置转移到了带壁橱的卧室，在卧室熨衣服，不仅可以在短时间内完成工作，而且也不会弄乱客厅。

另外，个人空间和公共空间的区分也非常重要。基本规则是：个人物品放入各自的房间，客厅、餐厅等公用空间里，只放置全家人共用的物品。

考虑一下每一个房间的用途吧！对住宅问题的思考代表着对自己以及家人生活的重视。

## 厨房收纳的方法

什么样的厨房才算是好用的厨房呢？我认为是"不迈一步就能做好饭"的厨房。最理想的状态是站在烹饪台前，伸手可及处就收纳着所有必需品。这样的厨房，能让人顺手迅速地把饭做好。

要做到这样，最重要的是收纳时要考虑活动的路线。在水槽、灶台等处，各自所需的物品都收纳在使用场所的附近，同时使用的物品尽量放在一起，这样可以缩短活动路线。另外，经常使用的物品放在视线和手所能企及的高度，也会使烹饪变得轻松许多。

厨房推荐设置成烹饪台里侧与兼放家电的收纳空间相对，烹饪台外侧与餐厅正相对的格局。在烹饪时，转身就是收纳空间，伸手可及，操作起来会轻松很多。与餐厅之间没有墙壁，看上去会显得宽敞。重要的是，厨房的外侧可以做成面向餐厅的收纳空间，非常便利。

能望见餐厅的厨房，水池前面做成二下面做成开放式，这是为了提高效率。（庄家）

### 1.笊篱、盆子等收纳在水槽下面

过滤水用的笊篱等放在水槽下，菜刀、砧板、洗洁精等也收纳在里面，很整齐。

### 2.锅具放在灶台下面

除了在灶台上使用的锅具之外，锅铲、夹子等也收纳在这里。

### 3.家电放在滑动式抽拉柜里

电饭煲、烤面包器等家电放在滑动式抽拉柜里，只在用时抽出来，很方便。

### 4.餐具放在身后的抽屉里

餐具放在身后的收纳空间里，烹饪时伸手可取。抽屉式收纳，一目了然。

### 5.陶瓷杯、玻璃杯等放在吊柜里

陶瓷杯、玻璃杯等放在身后的吊柜里。不要叠放，单个摆放，取用更方便。

### 6.备用品等放在餐边柜里

餐边柜设计成高密度收纳空间。用篮子等盛放物品，一目了然且易于取放。

（沼尻家）

## 11. 伸手可及的"驾驶舱收纳"最理想

你的厨房，从冰箱到水槽、从水槽到垃圾箱、从烹饪空间到微波炉，都能一两步就走到吗？

理想的厨房，是驾驶舱式的厨房。也许有人觉得宽敞的厨房更好用，但事实却正好相反。即使不用迈步，转身就能拿到需要的物品，这种像飞机驾驶舱一样的小型厨房，才是使用效率最高，用起来最顺手的。

相应的，烹饪空间和身后收纳空间之间的通道宽度也是越窄越方便。通常75—80厘米，如果两个人用的话，就设计为90厘米左右。在身后的收纳空间里，盛放饭菜用的盘子、碗等放在马上就能拿到的位置。杯子等放在从冰箱取出的饮料能马上倒进去的位置，这些都是检查的重点。只要把握这些重点，确保高密度的收纳空间，并结合活动路线加以收纳，厨房一定会变得更加便利。

### 烹饪时不用移动

烹饪时伸手就可以拿到身后餐具收纳空间内的物品，这种不用迈步的厨房是忙碌的家庭主妇的好帮手。( 沼尻家 )

### 锅具等放在灶台旁边

如果灶台下面没有收纳锅具的空间，可以在身后设置。把锅盖挂在门内侧更方便。( 岛田家 )

## III. 用途一致的物品就近收纳

要想打造"不用迈步的厨房"，收纳物品就必须考虑活动路线。

比如：当你想煮咖啡时，你需要走几步？烧开水、放置咖啡和过滤器、取出砂糖和牛奶……如果到喝到咖啡为止，一直走来走去忙不停，那就有必要重新审视一下自己的收纳场所了。

把用途一致的物品就近收纳，家务活会令人吃惊地轻松起来。除了咖啡用品之外，以下这些物品是什么状态呢？

· 电饭煲和饭勺、碗

· 微波炉和保鲜膜

· 垃圾箱和垃圾袋

· 冰箱和玻璃杯

想一下这些东西是否都就近收纳了。越是忙碌的人，越能体会到这种收纳方式的效果。

### 喝茶所需物品
### 都放在一个地方

咖啡机、红茶茶叶、量匙、杯子等都就近收纳。站在这里就可以泡茶了。（船户家）

### 烤箱的附属用品
### 也放在旁边

1.烤箱旁边设置可收纳托盘的架子。架子使用易滑动的材料，这样较重的托盘也容易取出。

2.烤面包专用的烤箱下面，设置可以放置专用手套等物的滑动式收纳架。（船户家）

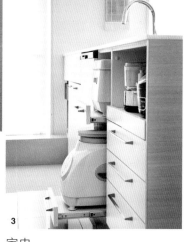

## 家电

1.看上去像一整个，实际上是结合家电大小设计的可以分别抽拉的滑动式收纳架。（船户家）2.微波炉采用悬挂收纳，位于烹饪台的上方，可以提高操作效率。（水越家）3.根据家电高度设置隔板，可以避免空间浪费。（船户家）

## 餐具

玻璃杯不叠放而要单个摆放是基本原则。一目了然而且方便取用。（沼尻家）

## 烹饪用具

1.灶台下的收纳空间内，锅具、调味料等用文件整理盒收纳。2.洗洁精、洗碗海绵、砧板等收放在水槽下，厨房很清爽。（泷本家）3.水槽下的收纳空间设置成开放式，可以一步取出，更快捷，通风性也较好。（高桥家）

## 垃圾箱

1.放在身后收纳空间，从水槽处转身就可以够到。（南家）2.位于水槽正下方的理想位置的垃圾箱。（船户家）

## IV. 进深60厘米的地方使用抽屉式收纳

日本文化倾向于享受四季的交替变化。没有哪个国家像日本一样，会随着季节以及祭祀活动的转换而更换餐具。瓷器、陶器、玻璃容器、漆器等种类繁多也是没有办法的事。因此，享受生活的收纳方法就更重要了。

数量众多的餐具与其放入一个大型的餐边柜，我更推荐设置一个转身可及的收纳柜，把餐具都放在抽屉中收纳。抽屉的进深较深，可以增加收纳量，从上面看一目了然，取放餐具都更方便。如果在收纳柜上方设置吊柜，收纳量会大幅增加。

另外，如果厨房里有收纳食品的餐边柜，会更加方便。在身后做一个高大的餐边柜是最好的，如果没有合适的空间，也可以整合进收纳柜。

进深60厘米左右的收纳柜正好可以跟冰箱并排摆放，厚度一致，看上去也整齐。柜子上面可以放置家电，也可以作为调制和配膳台来使用，使工作效率有飞跃式提高。

### 较深的空间
### 使用抽屉式收纳

对于那些较深的收纳空间，可以一目了然、易于取放的收纳方式不是门柜式，而是抽屉式。可以在外侧放置经常使用的物品，内侧放置其他季节使用的物品。（练马区青木家）

### 作为配膳台也很好用

身后是柜式收纳的话，柜面还可以作为调制台、配膳台来使用，非常方便。因此，柜子需要稍深一些。（练马区青木家）

1

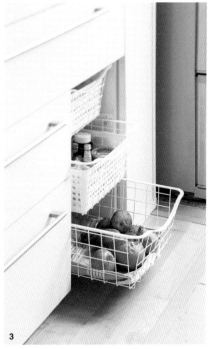

2

3

## 收纳食品的餐边柜

1.顶天立地的塔式收纳空间，干净整齐。食品放入抽屉式网篮中，可以看见其中物品，方便管理。（坂本家）

2.为了限制存放具有保质期的食物，餐边柜不宜过大。（藤田家）

3.如果厨房狭小，餐边柜可以作为身后收纳空间的一部分组合使用。（西野家）

餐边柜门内侧可以悬挂围裙等物品，很方便。因此，收纳空间的设计稍微往里凹进一些。（沼尻家）

## 餐厅收纳的方法

看不到任何杂物的餐桌最令人感到舒服。为了使进餐结束后，餐桌能保持总是无一物的干净状态，在餐厅里设置一定的收纳空间还是很有必要的。

在这里除了吃饭以外，还能喝茶、上网、看报纸和杂志等，人们会进行各种各样的活动。甚至有人还会在这里工作，或者有孩子在这里写作业等。

如果每做一件事，都不需要去别的房间把物品拿过来，而是把所有必需的物品都收纳在餐厅，不仅轻松方便，家里也不会乱。

餐厅收纳如果使用橱柜，台面还可以放东西，最方便。如果厨房正对餐厅，可以把厨房朝向餐厅的一侧做成收纳空间。如果还有余下的空间，最好横向设置一个矮柜。如果想把自己中意的餐具展示出来，还可以设一个玻璃吊柜。

在餐桌边设置矮柜。如果收纳空间足够，餐桌就能保持没有杂物的状态了。（练马区青木家）

**1.杯子、小盘子等放在餐桌附近**

小盘子等放在餐厅比放在厨房要更方便。
需要的时候,马上就可以拿到。

**2.餐具也放在餐桌附近**

进餐使用的刀叉、筷子、托盘等分类放在
伸手可及的位置。

**3.文具类只收纳"第一梯队"**

因为经常在这里写字,文具等常用物品可
以分类分装收纳在此。

**4.书籍、药品类放在矮柜里**

书籍类用书夹竖立摆放,易于取放整理。
全家人的药品也放在这里。

**5.装饰性餐具放入玻璃吊柜**

来客用的漂亮餐具放入玻璃吊柜内"展示
收纳",兼具装饰功能。

**6.烤面包器也放在餐桌附近**

烤面包器放在餐桌附近,家庭成员可以自
己进行操作。

（沼尻家）

## II. 进餐时使用的物品放在餐桌附近

"使用的地方就是收纳的地方",考虑到这一条原则,在餐桌上使用的盘子,为它们在餐桌附近指定收纳位置,才是明智的选择。

我通常会在餐厅设置橱柜来收纳。或许很多人都喜欢把餐具全部放在厨房,但是盘子、玻璃杯、茶杯等,是否可以考虑为它们在餐厅设置一个收纳空间呢?刀叉、筷子、杯垫等也是一样。这样会使用餐准备工作的活动路线缩短,也方便家人帮忙准备。自己在厨房盛放饭菜的时候,可以让家人帮忙摆放盘子、杯子等,一来自己较为轻松,二来刚做好的饭菜也可以让大家趁热吃。

而且,家人帮不上忙的理由主要是"不知道什么东西放在什么地方",如果把这些物品都放在餐厅里好找的地方,那么这个问题就解决了。

**盘子等餐具的收纳**

1.餐厅的橱柜。从餐桌伸手就可以拿到盘子。（泷本家）

2.进餐用具也放在餐桌附近。抽屉式收纳，使用方便。（船户家）

III. 进餐以外的活动列出清单

餐厅是全家人聚集的场所。有很多家庭在餐厅里待的时间要多于在客厅。

客厅是休息放松的场所，而餐厅是活动的场所。除了进餐以外，有很多活动都会在这里进行。不妨把每天全家人在餐厅进行的活动列出清单看看，你会发现比你想象中的还要多。阅读、上网、工作、缝纫、享受爱好，还有人在这里熨衣服。在进行这些活动时，要经过怎样的活动路线，你可以回想一下。是不是走了很多冤枉路？由于收纳位置太远，东西用了以后就这样放在这里的情况是不是也有呢？

把所有的活动用品都藏入收纳用具内也是很重要的。不想示人的物品就那样摊放着，吃饭也吃不安稳，而且破坏了室内的美观。

## 兴趣用品和电脑的收纳

1.在厨房矮柜背面做一个开放式杂志架。（佐藤家）

2.个人爱好的刺绣用具全部放在这里。绣线放在各个小抽屉里。（坂井家）

3.在矮柜的一端留一定空隙，可以把电脑放在里面。（山田家）

## 药品的收纳

常用药品装在篮子里，放入矮柜常备。装饰性杂货中，具有实用性的物品也推荐用这种方式收纳。（水越家）

## IV. 孩子的学习用品也放在餐厅

很多家庭虽然暂时设置了儿童房，但孩子小的时候很少使用。在上小学期间，很多孩子都在餐桌上做作业、学习，这样大人可以在旁边辅导，或者一边在厨房做饭，一边照顾独自学习的孩子。

像这样的家庭，最好在餐厅设置一个收纳孩子学习用品的空间，书包等带去学校的东西都一并收纳在这里。如果能养成前一天晚上在这里做好上学准备的习惯，也就很少会落下东西了。如果孩子还没有上学，把玩具、绘本等收纳到餐厅也是一个好办法。

琐碎物品用盒子、托盘分类整理，制定"用后物归原处"的规则，鼓励孩子自己的事情自己做。因此，在这里创造一个"易于物归原处的环境"是非常重要的。

1

2

书包、绘本的收纳

1.书包、教科书、文具等收纳在这里。早晨着装完毕后，可以从这里取出书包出门。（片山家）

2.孩子的绘本、拼图等收纳在餐桌附近。（南家）

## 客厅收纳的方法

客厅最重要的用途在于"放松休息"。很多
家庭都只在晚上才使用客厅。坐在沙发上,
读着自己喜欢的书,看着电视、DVD(数
字激光视盘),或者听着音乐消除一天的疲
劳,也有人会在这里喝酒。

这样的空间所放置的东西,必须只选择必需
品,整齐摆放。杂乱的东西最好隐藏起来。
入目的只有自己喜欢的装饰品和绿色植物,
拥有这样的客厅才是最幸福的。

矮柜兼作收纳和电视柜。因为高度不高，可以使房间显得宽敞，而且能确保采光。（泷本家）

## I. 客厅不需要收纳过多物品

客厅是全家人一起待的地方。可以制定一条规则：这里只放置全家人一起使用的物品。这样想的话，其实客厅并不需要太多收纳空间。但孩子小的时候，能在客厅一角设一个放置玩具的空间，会方便很多。

若说客厅的必备物品，那就是电视了。电视柜的台面越长，看上去越美观。看电视的时候，为了避免其他物品进入视线，还是尽量不要在电视柜上搁置其他物品。电视、DVD的电线等如果从墙内走，看上去会更整齐。

如果在客厅设置收纳空间，推荐使用没有压迫感的矮柜或者与墙面一体的塔式收纳柜。若说其他选择的话，使用观赏性家具来增加装饰效果怎么样？与内部陈列的杂物取得一致性，可以营造房间的独特氛围。如果是关上门就看不见里面的家具，也可以用来收纳一些具有实用性的物品。

**利用杂物的收纳**

放在客厅矮柜上面的装饰用的有格
调的箱子，里面放着照相机的镜头。
（水越家）

**小孩子的玩具放在这里**

有小孩子的家庭，或者是小孩子经
常过来玩的家庭，最好把玩具、绘
本等放在客厅。（沼尻家）

**尽量不要摆放过多家具**

除了沙发和电视柜以外，不摆放任何收纳
家具的客厅是最理想的。（原家）

## II. 柜式收纳减轻压迫感

如果希望客厅的收纳空间既具有装饰性，又可以进行充分收纳，我推荐用矮柜。具有一定高度的家具或者塔式收纳会占用过多空间，使房间变小。但矮柜可以在活动空间和收纳空间之间取得较好的平衡。

矮柜台面，可以摆放自己喜欢的物品和观赏性植物，也可以作为电视柜使用。

矮柜里面，可以收纳各种琐碎的日用品、健康器械、过季的装饰品等各种杂物。沙发套、靠枕套、盖毯等放在客厅会更方便。把全家人聚会时一起看的相册放在客厅里，也是个不错的主意。

矮柜的高度设置为85厘米的话，坐着也不会有压迫感。矮柜上的装饰物正好居于坐着时的视线高度，更有效果。

用矮柜收纳，既不显眼，又可以在台面放置装饰品。（水越家）

### 沙发套等装饰品的收纳
在沙发附近收纳沙发套、靠枕套和毛毯等更方便。装饰物的备用品也可以收纳在里面，随季节更换。（水越家）

### III. 墙面设置浅收纳空间

无法在餐厅设置足够的收纳空间的话，可以在客厅里设置墙面收纳空间。

设置顶天立地、门与墙壁一体的墙面收纳空间（参照第40页）是一个办法，但那些希望把书、CD（激光唱盘）等展示出来的人，可以尝试采取第105页所示的开放式墙面收纳，比带门的墙面收纳更节省空间，还可以跟电视柜组合。住在公寓的家庭，推荐使用这种方法。

这种开放式墙面收纳空间的进深要做得浅一些，不超过45厘米。既可以减少压迫感，还可以确保房间的宽敞。架子的颜色也尽量接近墙壁颜色，这样就不会过于醒目。

在开放式墙面收纳的空间一角设置一个操作电脑的空间，也是一个好办法。

进深40厘米的墙面浅收纳空间。
藏书量大的家庭可以将这个空间
当作书架使用。（西野家）

## 衣橱的收纳方法

衣橱多半在卧室内或者盥洗室的旁边。如果设置固定衣橱的话，有墙面收纳和步入式收纳两种方式。

衣橱的位置和形状会随着人们生活方式的改变而有所不同。夫妇都有工作的家庭，各自拥有自己的衣橱会更方便。如果有专职主妇，设置一个大衣橱也许更好管理。如果习惯早上沐浴，那么建议把衣橱设置在浴室附近。

为了减少做家务的时间，多设置一些挂置衣物的空间会更便利。找衣服时既可以一目了然，收纳时也不用费劲一件一件叠起来。另外，春夏和秋冬的衣服也试试分别收纳的方法吧。使用抽屉进行上下轮换的收纳，或者用滑轮车前后的置换来进行换季整理，这样的衣橱是最理想的。

衣橱内的衣服大多都悬挂放置的话，每天的家务会轻松很多，也不用考虑换季的问题。（坂井家）

## I. 选择步入式收纳还是墙面收纳？

衣橱可以选择步入式收纳和墙面收纳，根据选择的不同，房间的面积也会发生改变（参照第31页）。

面积较小的房间，建议还是选择墙面收纳。考虑到悬挂的衣服的肩宽，收纳空间的进深建议设置为60厘米左右。步入式收纳虽然会要求预留人入内所需空间，但优点是可以一目了然，也有人说："在衣橱内换衣服，感觉很放心。"

无论是哪一种收纳方式，我都希望能设计更多的悬挂衣物的空间。衣服不需要叠，挂起来不仅收纳方便，挑选衣服也容易很多。如果以上衣长度为基准，把挂杆设置为上下两段的话，挂置的衣服量会是原来的2倍。上层的架子上可以放置过季的寝具、旅行包等平时不常用的物品，而且可以为下面挂的衣物遮挡灰尘，因此进深以45厘米为宜。请使用架子和抽屉，尝试一下灵活运用空间吧。

**步入式收纳**
"∟"形收纳空间收纳着丈夫的全部衣服。（岛田家）

上班的女儿用的"コ"形衣橱。一目了然，方便在忙碌的早晨挑选
衣服。（原家）

## 墙面收纳

设计在卧室墙面上的衣橱。所
有衣物悬挂放置，左半边收纳
来客用的被子。(津贺家)

## II. 设置在卧室里还是盥洗室附近？

衣橱通常在卧室里，因为早上起来可以当场着装打扮，很方便。但是设在盥洗室附近的衣橱，使用起来也很方便。梳妆打扮可以在一个地方完成，对于那些早上沐浴的人来说也很便利。

那些盥洗室和卧室不在同一楼层，或者夫妇都外出上班的家庭，有时也建议把衣橱设在盥洗室的旁边。回家后想要马上换衣服着手准备晚餐的话，比起每天爬上二楼换，这样要省时省力得多。

考虑洗衣服的活动路线的话，则设置在晾晒处的衣橱要更好用。收取晒干的衣物后，可以马上整理折叠。如果衣橱离晾晒处较远的话，收取的衣服要暂时堆放在客厅，成为房间凌乱的原因。

像欧美人那样，每一个卧室都设有衣橱、浴室和盥洗室是最好用的。我把这样的房间布局称为"酒店计划"。在日本，每个房间都设置供水装置是很困难的，所以只能设计成从主卧能直接进入盥洗室，这样比较接近"酒店计划"。

**卧室的衣橱**

在夫妇的卧室内，分别设置丈夫使用和妻子使用的两个衣橱。图片显示的是丈夫使用的步入式衣橱。（岛田家）

**盥洗室附近的衣橱**

在浴室和盥洗室的旁边设置衣橱，收纳丈夫的衣物。早晨和晚上的更衣都在同一地方解决，很便利。（小林家）

## III. 每人一个衣橱便于使用

也有人希望设置一个大的步入式衣橱，把夫妇两人的衣物一起收纳。如果家里有家庭主妇统一进行管理的话，也许还是这样比较好用。

但是，还是推荐分别设置各自的收纳空间。比起两人共用一个衣橱，还是分为各自的衣橱更方便管理。在忙碌的早晨，也可以避免两人的活动路线相碰撞，更顺畅地进行着装。夫妇都上班的家庭，使用尤其方便。

在卧室设置衣橱时，从各自的床通向衣橱的活动路线不会相撞的话，早上的行动会更顺利。即使夫妻起床时间不同，也可以在不打扰对方睡眠的情况下进行着装。

顺便说一下，衣橱的进深应以使用者的肩宽为准，这样不会浪费空间。一般男性衣橱60厘米左右，女性55厘米左右为佳。

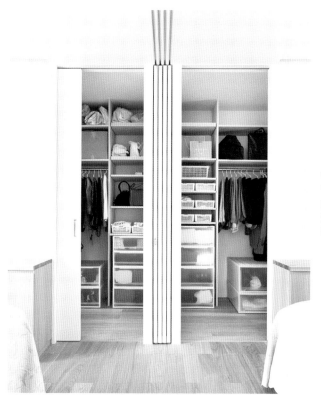

**相邻的两个衣橱**

设置在卧室里、左右对称的夫妇俩的衣橱。卧室中央设有拉门，可以把房间隔为两部分。（原家）

**衣橱设置在各自就寝的一侧**

放置双人床的卧室。丈夫就寝的一侧，设置丈夫用的衣橱；妻子就寝的一侧，设置妻子用的衣橱。（岛田家）

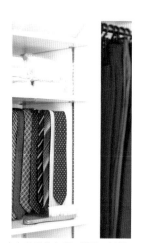

丈夫专用的衣橱。领带、衬衫、裤子等取用很方便。（坂井家）

## 盥洗室的收纳方法

盥洗室是全家人一天会多次使用的地方。成员多的家庭，使用频率可能高到几乎总是有人在里面。说"生活舒适与否，取决于盥洗室的收纳"，也并不言过其实。

请考虑一下在盥洗室进行的活动吧。

除了洗脸、洗衣服以外，刷牙、洗手、剃须、护肤、化妆、戴取隐形眼镜、清洗眼镜、入浴前的换装、花瓶换水、手洗衣物等，活动范围很广泛。而所有的活动都需要不同的工具，备用品的保管也是必要的。

考虑"使用场所即收纳场所"的话，入浴时必需的睡衣、内衣等，和毛巾一起放在盥洗室里会更方便。入浴前，不用一一到卧室去取而是直接去浴室的话可以减少活动路线。

设置在盥洗室墙上的高密度收纳空间。除了毛巾、洗面用具之外，全家人的睡衣和内衣也收纳在这里。(南家)

## 1. 盥洗室需要足够的收纳空间

每天使用的物品放在容易拿到的矮柜下面的抽屉里，使用较少的物品以及备用品等放在其他地方。为了不使矮柜的东西爆满，同时所有活动的必需品都能收纳进来，保证盥洗室有充足的收纳空间是最理想的。

建议在盥洗室里设置顶天立地、进深较浅的塔式收纳空间。有了它，洗面台用起来就会宽敞许多，洗面台的下面也可以设置成开放式空间，放置洗衣篮、垃圾桶，椅子也可以放进去，很方便。夫妇都有工作的家庭，或者孩子较大的家庭，可以两个人一起使用盥洗室，拥有较大的洗面台空间还是很方便的。另外，随着孩子的成长，必要的工具也会增多。那些孩子还小的家庭，预留出足够的收纳空间也是很重要的。

然而，盥洗室通常都建得很小，旧式公寓尤其如此。这种情况下，考虑一下在墙上设置进深较浅的层架，或者利用洗衣机上方的空间等增加收纳空间的办法吧。

## 抽屉及身后的收纳空间

如果用抽屉收纳，较深的空间也能充分利用。把抽屉拉手设为挂杆式的，还可以用来挂毛巾，很方便。身后设置收纳衣物的架子。（茅根家）

## 墙面及洗衣机上方

在墙面设置顶天立地的塔式收纳空间，放置必需品。洗衣机上方设置一层架子，可以增加收纳量。洗面台上方的窗户用来采光，下方的窗户用来通风。（南家）

## II. 每个人的物品用篮子分开收纳

很多人都有这样的烦恼：收拾来收拾去，家里人很快就弄乱了。尤其是在盥洗室这种放置的物品较多的地方，如果大家都只拿不收的话，洗面台上很快就会摆满了东西。为了解决这个问题，我推荐使用"个人物品篮"来整理物品。

以前，化妆品和洗面用品都是全家共用的。但现在，孩子们都使用自己专用的化妆品和工具。家庭成员使用各自专用的篮子来自行管理自己的物品，才是适用于现代生活方式的规则。

盛放内衣的篮子也按家庭成员人数各准备一个。装睡衣的篮子也是一样，从一个大篮子里分出来，改为每人一个。早晨梳妆打扮的小用具也放到每人各自的篮子里收纳，制定"使用的时候拿到洗面台上，用完后归回原处"的规则。这样即使篮子里东西杂多，如果不从里面拿出来，也不会显得凌乱。如果从小就教会孩子这种规则，他们自己就可以进行整理。

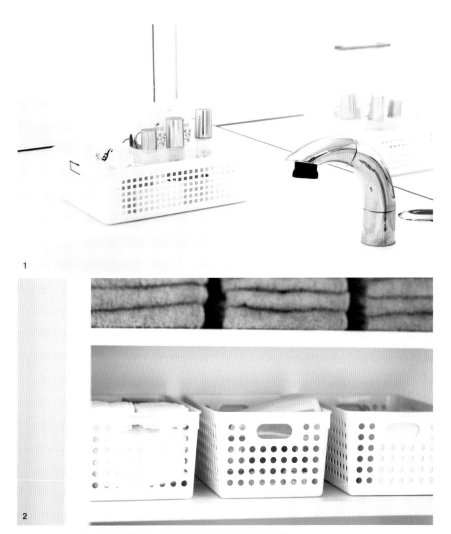

**" 个人物品篮 " 里放置化妆品以及洗面用品等**

1.只在化妆的时候把 " 个人物品篮 " 放在洗面台上，结束后把物品放入篮子，物归原处。

2.个人专用的物品，放入 " 个人物品篮 " 管理。（南家）

## III. 盥洗室狭小时的应对方法

如果盥洗室狭小，收纳空间不足，在附近的走廊设置收纳空间也是一个好办法。那些备用品、不常用的洗涤剂等都可以收纳在这里。如果用改建的方式增加盥洗室面积，或是增加收纳空间，也可以考虑把洗衣机赶出盥洗室，移到厨房或走廊。也许有人会认为"洗衣机就该放在盥洗室"，但其实只要是放在晾晒处附近，或者是从盥洗室到晾晒处的活动路线上都可以。与此相比，提升盥洗室的收纳能力更具有改善生活质量的效果。

在洗面台的下面设置采光、通风的小窗口是最理想的。但如果盥洗室狭小的话，也可以在这里进行收纳。另外，洗衣机上方也建议作为收纳空间来使用。如果不想增加成本，可以用遮光帘代替柜门。

**厕所里也可以设置收纳空间**

盥洗室和厕所一体，可以在厕所上部设置
吊柜，增加收纳空间。（西野家）

**毛巾类放在盥洗室前的走廊收纳空间**

因为盥洗室没有足够的空间，在盥洗室前
的走廊里设置了架子，用来收纳备用的毛
巾类物品。（西野家）

**洗面台下进行高密度收纳**

洗面台下尽量设置为开放式，但如果收纳
空间不足，可以采用高密度收纳方式。（泷
本家）

**活用洗衣机上方的空间**

在洗衣机上方设置层架，用来收纳备用的
洗涤剂等物品。为了使外观整齐美观，可
以用遮光帘遮挡。（岛田家）

1

2

## 毛巾

1.数量众多的毛巾卷起来放置，方便取用。
（西野家）
2.家庭成员每人都有专用毛巾的家庭也很多。
设置长挂杆，可以挂很多毛巾。（佐藤家）

1

2

## 化妆品等小物件

1.使用清爽的白色篮子分类收纳小物件。
（岩泽家）
2.篮子上贴上标签，标明使用者的名字以
及放入的物品。（南家）

## 暂时晾干衣物的晾衣杆

1.在阳光充足的家务室内设置晾衣杆，晚上洗的衣服，可以暂时挂在这里。（玉木家）
2.在天花板上悬吊挂杆，可以用来晾没干透的衣物。（米崎家）

## 晾衣架

1.有效利用墙内空间设置挂杆，挂上衣架。（南家）
2.放在厨房一角的洗衣机，旁边设置悬挂衣架的空间。（世田谷区青木家）

## 卧室收纳的方法

卧室收纳首先要考虑的是被子的收纳场所。很多人都选择不要大壁橱，但是来客用的被子、过季的被子等，还是需要一定的收纳场所。没有壁橱的话，把床褥竖起来像垫子一样放在衣橱深处也是一个办法。盖被可以装入被子专用袋，放到衣橱上方。

也有人想在卧室设计一个"兴趣角"，大多数人都喜欢读书，那么书架就是必需的。一般可以利用墙面或窗户下面的矮柜设置收纳空间。也有人喜欢看电视，那么可以设置矮柜，把电视放在柜台上面，或者挂在墙上。另外，还可以利用矮柜的一角设置上网专用空间。由于卧室是白天不使用的空间，所以还可以作为书房来用。

设置了兼作收纳和电视柜的矮柜。墙面收纳空间可以放置大量书籍。（津贺家）

## I. 飘窗及矮柜等很便利

我认为，如果卧室的床的四周留有一定空间，即使空间并不大，也是好的。为了治愈心情、彻底放松，卧室应尽量少放家具，设计成简洁的空间比较好。

如果计划在卧室设置收纳空间，推荐选择没有压迫感的橱柜。设在窗户下面，也不影响采光。还可以在这里熨衣服，或者放上电脑，当作书房使用。

另外，如果床旁边有一个能搁置小物的类似床头柜的地方，伸手就可以拿到，会非常方便。钟表、手机、收音机、抽纸、体温计、唇膏等，就不用从床上起来一一去拿了。也可以在床头设置飘窗用来收纳或摆放装饰品。

如果没有设置飘窗或者床头柜的空间，在床一侧的墙上设置一个小搁板也会很方便，这种搁板自己就可以安装。也有人会在床上给手机充电，也有人需要床头灯，因此附近要设置电源插座。

### 飘窗

在床头设置飘窗，窗台可以用来放东西，很方便。
没读完的书也可以搁在上面。（山田家）

### 矮柜

卧室的矮柜，一部分做成开放式，可
以放上椅子，把卧室作为书房使用。
（原家）

### 搁板

床头没有其他收纳空间时的选择。足
够放置收音机、钟表、手机等小物。
（岩泽家）

## II. 在卧室设置书房

为了工作、学习、爱好等，很多人都希望有自己的书房。但多数由于空间不足，而不得不放弃。当没有设置独立书房的空间时，是否可以考虑把卧室的一角做成书房呢？

只要离墙面有45厘米的空间，就可以设置矮柜了。矮柜下方的一部分设计为开放式，放上椅子，就是一个小书房了。一般在白天家人都外出的时候，卧室很少有人进出，可以集中精神工作。如果需要经常使用电脑，还可以设置放打印机的地方，很方便。

如果有一个确保可以步入的空间，就能设计一个相对独立的书房。空间背面的墙壁全部做成书架，可以收纳大量书籍。

另外，如果是妻子用的话，比起卧室，把书房设在餐厅附近会更方便。

**靠墙的书房**
利用卧室的墙面设计的丈夫用的书房。可以抽拉的推车内放着打印机等物品。（向山家）

1

**步入式书房**

1.通过改造，把卧室旁边的独立小空间改成从卧室进出的书房、衣橱。
2.书桌对面的墙壁设置顶天立地的书架，能收纳大量书籍。在这里可以集中精神工作、学习。（藤田家）

2

## 玄关收纳的方法

旅行回来，很多人都会感慨："还是家里最好啊！"

如果每天回到家都会这么想是最幸福的。从门口一步迈进去，整个家仿佛都在说："欢迎回家！"这样的玄关是最理想的。

打开房门，映入眼帘的必须是鞋子不外露的鞋柜和漂亮的装潢。因此，玄关需要足够的收纳空间。事实上，如果做好了玄关处的收纳，整个家都不会乱。

如果住公寓的话，玄关会狭小一些，收纳空间相应也就较小。可以增加鞋柜的隔板，或者利用门进行悬挂收纳等，考虑一下这些增加收纳量的方法吧。

在玄关的墙面上设置顶天立地的收纳空间，看上去像一整面墙。（原家）

## I. 外出携带物品全部收纳

在玄关发现有东西忘记带了，不得不把穿好的鞋子再脱下来……很多人都有这样的经历吧。如果玄关的收纳空间足够，就不会出现这种情况了，对于防止落下东西也很有帮助。

玄关处收纳的不仅仅是鞋子。外出时所必需的手帕、抽纸、口罩、墨镜、围巾、手套、暖宝宝、照相机、环保袋、自行车钥匙等，如果能全部放在玄关，会更方便。

我总是大力推荐"在玄关设置挂衣处"的方案。那些衣橱在二楼或者家里有幼儿的家庭，在玄关设置一个挂衣服的地方尤其便利。外出时就不用上上下下爬楼梯了。

上班携带的包放在玄关也更方便。把手机和钱包取出来后，包就没有必要拿进房间了。

除此之外，孩子外出用的玩具、防灾用品、可回收垃圾、打包行李的用具等在房间内不会用到的东西，全部收纳在这里的话，房间里面就会更易于整理。

**上衣、外出携带的玩具等**

有幼儿的家庭，玄关设有挂衣架会更方便。外出时玩的球类也都放在这里，想出去玩时马上就可以出发。（高桥家）

**手帕、纸巾、手套等**

如果把外出时所需要的物品都放在这里，并养成在玄关处放入包里的习惯，就不会落下东西了，也就没有必要在外出时跑去卧室一一取。（高桥家）

**照相机、墨镜、环保袋等**

成为玄关焦点的和式抽屉。打开抽屉，里面放满了外出必需的用具。签收包裹要用的印章也放在这里。（向山家）

## 11. 考虑到孩子的成长，预留足够的收纳空间

设计收纳空间时，重要的是不仅仅要考虑"现在"的家人的状况，还应该想到"十年后"或"二十年后"的家人的状况，要把目光放到将来。

即使是夫妇两人生活，东西也会越来越多，不久就会生育、抚养孩子，所持物品会急剧增加。孩子慢慢长大，到了青春期（特别是女孩子），衣服和鞋子的数量就会倍增。

那些还没有孩子或者孩子还小的家庭，在鞋柜预留足够的空间是非常必要的。如果现在鞋柜已经塞满了鞋子，那么也许就要考虑增加收纳空间的方法了。

为了鞋子上面不产生闲置空间，可以调整隔板的高度，采用高密度收纳方法（参考第36页），收纳量会极大提升。隔板的间隔如果设为12厘米，高跟鞋和成年男人的鞋都可以放进去。如果平底鞋较多的话，设为10厘米也可以。像这样把闲置的空间浓缩一下，就可以创造一个巨大的鞋子收纳空间。

皮鞋、人字拖、高跟鞋等，根据鞋的高度调节隔板的高度，这样空间会比较宽裕。（佐藤家）

## III."不速之客"在玄关就解决

信件、传单等如果想暂时拿进家里，过会儿再分类整理的话，可能一放就是好几天，餐桌上不知不觉就堆成了山……是不是也有人有同样的经历呢？广告传单等，对于不需要这些信息的人而言，就是"不速之客"，在拿进家里之前，在玄关就要把它们解决。设置一个可回收垃圾的放置空间，把开封用的剪刀、消除个人信息用的工具等也放在旁边，这样就可以当场处理，很方便。

**邮箱和鞋柜相连**

邮箱的出口通向鞋柜里面，这样不用外出就能确认邮件。不要的广告传单用修正液抹去个人信息后，放入下面的可回收垃圾箱即可。（片山家）

**不要的广告传单不拿进家**

邮件分类放入鞋柜下贴有标签的篮子里。不要的广告传单直接放入到可回收垃圾箱。（南家）

第 $4$ 章

让
家
更
漂
亮

在餐厅的正面设置展示、
装饰用的吊柜。(坂本家)

## 把喜欢的物品作为装饰品收纳

需要收纳的物品大部分都是不想示人的，要藏起来。但是，有时也需要"展示型收纳"。为了更好地享受生活，可以把自己喜欢的物品、想要展示的物品等作为装饰物来收纳。

展示型收纳的关键是要设计一个视觉焦点。所谓的焦点，就是房间内最吸引视线的地方。

如果在这里放置一个有品位的物件，那么房间的整体感觉会有所提升。另外，隐蔽式收纳需要用不会造成空间浪费的高密度收纳，但是展示型收纳为了美观，则需要一定程度的富余空间。

比较有代表性的，就是经常设在厨房的玻璃吊柜。在吃饭、喝茶的时候，抑或是在不经意间看到自己喜爱的餐具时，心也会柔和下来。当映入你眼帘的都是你真正想看到的东西时，每天的生活都会明亮起来。

### 大盘子的收纳

喜欢烹饪的主妇把收集珍藏的大盘子装饰在厨房的一角，也可以供来客选择使用。（沼尻家）

### 凝聚着回忆的纪念品的收纳

以前住过的地方的照片、以前养过的小狗的照片等，设计一个装饰这些纪念品的角落。在长椅上坐着度过的时光，是最幸福的。（向山家）

**餐具的收纳**
从走廊一进餐厅，最先看到的地方摆放着自己喜欢的餐具。（泷本家）

**窗边的矮柜**
装饰摆放着在英国居住时收集来的物品。随季节改变而置换装饰品也是一件令人愉悦的事。（山田家）

## 选择别致的收纳家具

独立的家具跟装修时打造的固定家具不同，比较引人注目，因此不适用于想要消除存在感的收纳。

但是，当你想为房间增添一点氛围，需要一个能成为亮点的角落时，选择一件既具有收纳力，又美观的独立家具不失为一个好办法。比如：在白色的现代风格的玄关放置一个美丽的漆画和风抽屉，或者是中式、韩式家具，立即成为独具个性的空间，引人注目。

在那些家具内，收纳在那个场所必需的物品，使它兼具装饰性和功能性。如果是玄关，可以收纳外出必需的手帕、纸巾、购物袋、墨镜、照相机等，非常方便。

自己喜爱的家具有可能成为你漫长人生的"伴侣"，因此不要凑合，执着地选择真正满意的吧。

### 电视柜

把一个古色古香的书桌作为电视柜，在抽屉里收纳遥控器等。（岛田家）

### 客厅的抽屉

成为客厅亮点的和风抽屉正好位于通往阳台的活动路线上，可以用来收纳晾衣架、夹子等。（津贺家）

### 玄关的亮眼风景

1.打开房门，一眼就可以看到的地方放着一个和风抽屉。这是继承来的祖母的嫁妆。（茅根家）

2.玄关正对面的和风抽屉中，放满了外出时的各种必需品。（沼尻家）

## 收纳到不可视区域

如果所谓的"焦点"指的是不用刻意寻找，自然就能看见的地方，那么与之相对的，那些如果不仔细看就注意不到、几乎不在视线范围的空间，我称之为"不可视区域"。

"不可视区域"也就是那些可以喘口气的地方，稍微乱点儿也没关系，用来放置不想让来客看见的物品。

例如家具后、入口旁的墙面，扶手墙的后面等，任何住宅都有一些看不见的"不可视区域"。那些无法马上收拾好、想要暂时先放着但又有碍观瞻的物品，可以收纳在这些地方。

相反，那些想要展示的小饰品、绘画等，装饰在焦点区域会更有效果。

收拾房间是无法做到尽善尽美的，但如果了解家里的"不可视区域"，就不会给人留下凌乱的印象。

设置在死角的书房
放置电脑、杂志、书籍的"角落书房"。位于扶
手墙的后面，是从楼下看不见的空间。(庄家)

把冰箱放在看不见的地方
冰箱也要防止放在完全露出来的地方。
设计一面墙壁，与餐厅隔离成一个死角。
(泷本家)

牙刷放在看不见的地方
把想要露天放置的牙刷放在橱柜旁的角
落。如果是电动牙刷的话，还要考虑插
座的位置。(片山家)

## 仅在使用时出现的收纳方法

在不需要的时候，你完全意识不到它在那里，但当有需要的时候，物品会马上出现——收纳空间应该是这样的地方。

当你想放松一下或者有客人来访的时候，如果那些杂多的日用品、正在使用的资料、家电产品等不进入视野的话，会令人轻松很多。只看到自己想看到的东西，如果想设计这样的收纳空间，就必须把该隐藏的东西藏起来。因此，也可以把整个工作空间藏在门的后面。

例如开放式厨房，即使在餐厅和客厅也能看到厨房的家电，以及各种烹饪用具，有的人会因此而无法放松心情。如果在厨房的背面设置一道拉门，把物品隐藏起来，就可以解决这个问题了。这样在客人来访时，就不用手忙脚乱地收拾，减轻家务负担。

把不想示人的物品隐藏起来，也有助于使装饰品看上去更加美观。

把位于餐厅一角的拉门打开后，出现了一个处理事务性工作的空间。（坂井家）

### 厨房的收纳

把开放式厨房的背面空间用拉
门遮挡起来。微波炉、冰箱等
从视线中消失,空间变得更加
整齐。(片山家)

### 洗衣机的收纳

打开走廊储物间的门,就会看
到洗衣机。洗涤剂等也一起藏
在这里。(小川家)

## 晾衣杆的收纳

窗帘后藏着可以晾挂湿衣服的挂杆，天花板上垂吊的挂杆
也可以取下来，方便下雨天晾衣服。（津贺家）

## CD、DVD 的收纳

客厅沙发后面藏着收纳大量 CD、DVD 的空间。不打开的
话，完全意想不到。（沼尻家）

## 选择外观明快的收纳用具

在设置收纳空间时，我会尽量设计成如果不说就完全使人注意不到的、不着痕迹的样式。

做到这点的秘诀在于"使收纳空间的门与墙面融为一体"和"尽量减少能看见的线条"。例如有以下方法：

· 收纳空间门的颜色和材料跟墙面一致。

· 收纳空间上部的空白墙面用门遮挡。

· 半大不小的收纳空间，从地板到天花板都用门遮盖，像一面墙一样。

· 不设置把手，做成推拉门，或者用内嵌式把手（在门上掏空一处作为把手）。

· 在抽屉里面设置抽屉，做成一整个抽屉的模样，外观比较整齐。

这些实用的方法是使住宅的整体装潢简洁大方的必要条件。

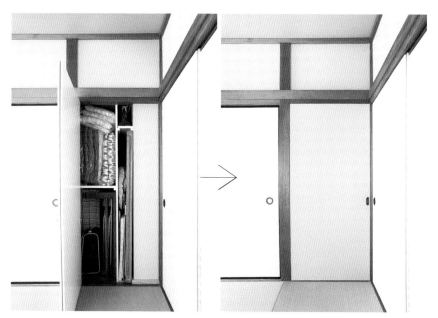

### 与墙壁相融合

在墙壁中的收纳空间。门与墙贴着同样的壁纸，关
上门跟墙壁一般无二。（沼尻家）

### 玄关衣橱的收纳

为了收纳上衣、包等，在玄关
设置衣橱。关上门就跟墙壁融
为一体，消除了存在感。（向
山家）

### 整合抽屉

在抽屉中设置抽屉，外观比较
简洁。一次可以同时打开3个
抽屉，很方便。（坂井家）

### 洗衣机放在走廊

放置洗衣机的走廊一角。只要
放下卷帘，外观就很整齐。通
往晒衣处的门也可以用同样的
方法遮挡。（津贺家）

## 打印机和传真机的收纳

也许有人会认为，打印机和传真机是不需要收纳的物品。但是，这些毫无生机的家电最容易影响室内的美观。所以，要尽可能不引人注目地、不露痕迹地收纳起来。

如果全家都要使用的话，最好放在餐厅或客厅。但不使用的时候放在不起眼的地方，使用的时候却需要马上就能拿出来，这确实是个难题。

特别是打印机个头较大，最令人头疼。可以放置在橱柜里、电视柜下面等地方，使用滑动式架子、带轮子的平台、小推车等来收纳。因为有一定重量，所以要考虑减轻取放时的负担。

传真机不能放进门内，可以放在餐厅矮柜上不起眼的角落里。电脑也是一样。让这些有助于生活便利的物品能跟室内装饰和谐共存，是实现美好生活的一把钥匙。

**餐厅矮柜上面**

餐厅一角设置了能放电脑的工作台。里面预留了安放传真机的空隙。（藤田家）

**客厅的电视柜下面**

打印机放在带轮子的平台上，收纳在电视柜下面。需要用时，单手就可以拉出来。（西野家）

**餐厅矮柜里面**

餐厅矮柜里面设置了放打印机的搁板，搁板为抽拉式，方便取放。（藤田家）

## 把不想示人的设备藏起来

把家里所有能看得见的物品，都有意识地重新审视一遍吧。每天都在这里度过，已经看惯了每个角落的风景，想必很难客观看待。那就以初次登门的客人的眼光重新观察一下吧。

如果过于凸显毫无生机或生活感强烈的物品的存在感，那么那些精心的装饰不就黯然失色了吗？

我尤其在意的是空调、冰箱、洗衣机等家电类，还有换气口、排气管道、电视以及电脑的电线等。

如果这些东西都放置在焦点区域（进入房间后首先进入视线的位置），会影响房间的整体印象。

可以考虑用板材、百叶窗、收纳架等把它们藏起来。不仅限于物品，设备的收纳也是设计美丽家居的关键所在。

**空调排水管的收纳**

空调（右上方）上的排水管道必须伸到外面，因此设置了收纳架来隐藏。这个办法兼具美观和实用性。（船户家）

**空调的收纳**

位于引人注目的电视正上方的空调，为了消除其存在感，在整面墙上设置了百叶窗。（岛田家）

**电脑周边设备的收纳**

在放置电脑的橱柜下面收纳路由器、电缆等所有相关设备。关上柜门就看不到了。（小川家）

**电视周边配线的收纳**

在DVD机的背面放一块板材，遮住通往电视的配线，板材跟墙壁同色，不太显眼。（佐藤家）

## 正视收纳，就是正视人生

感谢各位读者对本书的厚爱！

在制作本书过程中，我得到了自己提供过设计服务的27个家庭的大力协助，每一家始终都保持着干净整齐的状态，使这次的摄影工作得以顺利完成。本书也加入了这些家庭的各种创意。

但是，并不是每一个家庭原本都擅长整理房间。正因为他们正视了"收纳"的问题，才有了今天舒适惬意的生活。

以前苦于收拾不好房间的人，在理解了收纳的原理之后，抓住了窍门，开始觉得"越整理越有趣了"，并不断产生出自己独特的创意，有时令我都大吃一惊。我也经常从他们那里得到很多启发。

如果你并不满足于现在的生活，那么下定决心尝试一次"收纳改革"吧。把一直以来心里的疙瘩一口气解决掉。或许有些夸张，但我认为正视收纳，其实也就是正视人生。

希望大家今后的人生都是在令人心情愉悦的房子里，满怀幸福地度过。如果这本书能成为您开始改变的契机，我将非常开心！

最后，诚挚感谢献出家宅并长时间协助摄影工作的家庭！

还有，感谢忍耐着我的任性，一直支持我的编辑别府美绢和臼井美伸女士！感谢总是笑脸相迎、不厌其烦一遍遍拍照的永野佳世摄影师，以及为本书进行了完美设计的设计师池田和子女士！

**水越美枝子**

# 示例住宅一览表

## 1 | 青木家

所在地：东京都　世田谷区
占地面积：101.09m²
室内实用总面积：110.4m²
构造与规模：木造2层楼房
家庭构成：夫妇＋2个孩子

## 2 | 青木家

所在地：东京都　练马区
改建面积：128.69m²
构造与规模：木造2层楼房
家庭构成：父亲＋夫妇

## 3 | 岩泽家

所在地：埼玉县　埼玉市
改建面积：58.84m²
构造与规模：RC（钢筋混凝土结构）公
家庭构成：一人

## 4 | 小川家

所在地：神奈川县　横滨市
占地面积：199.79m²
室内实用总面积：139.12m²
构造与规模：木造原有住宅
家庭构成：母亲＋夫妇＋2个孩子

**5** | 片山家

所在地：东京都 练马区
地面积：170.51m²
室内实用总面积：110.4m²
构造与规模：木造 2 层楼房
家庭构成：夫妇 + 1 个孩子

**6** | 北原家

所在地：埼玉县 埼玉市
占地面积：202.24m²
室内实用总面积：111.89m²
构造与规模：木造 2 层楼房
家庭构成：夫妇 + 2 个孩子

**7** | 小林家

所在地：埼玉县 春日部市
改建面积：87.48m²
构造与规模：木造 2 层楼房
家庭构成：夫妇

**8** | 米崎家

所在地：千叶县 市川市
占地面积：188.52m²
室内实用总面积：110.53m²
构造与规模：木造 2 层楼房
家庭构成：夫妇

**9** | 坂井家

所在地：东京都 港区
改建面积：155.80m²
构造与规模：RC 公寓
家庭构成：夫妇

# 10 | 佐藤家

所在地：东京都 八王子市
占地面积：118.57m²
室内实用总面积：103.54m²
构造与规模：木造2层楼房
家庭构成：母亲＋夫妇＋3个孩子

# 11 | 岛田家

所在地：东京都 练马区
改建面积：103.92m²
构造与规模：RC地下＋木造2层楼房
家庭构成：夫妇

# 12 | 庄家

所在地：东京都 练马区
占地面积：262.11m²
室内实用总面积：122.54m²
构造与规模：木造2层楼房
家庭构成：母亲＋夫妇＋1个孩子

# 13 | 高桥家

所在地：东京都 调布市
占地面积：148.78m²
室内实用总面积：109.29m²
构造与规模：木造2层楼房
家庭构成：夫妇＋2个孩子

# 14 | 泷本家

所在地：东京都 世田谷区
改建面积：63.41m²
构造与规模：RC公寓
家庭构成：一人

# 15 | 玉木家

所在地：东京都　小平市
占地面积：125.51m²
室内实用总面积：99.08m²
构造与规模：木造2层楼房
家庭构成：夫妇

# 16 | 茅根家

所在地：东京都　杉井区
改建面积：202.86m²
构造与规模：RC3层楼房
家庭构成：夫妇

# 17 | 津贺家

所在地：东京都　杉井区
改建面积：60.79m²
构造与规模：RC3层楼房
家庭构成：夫妇＋1个孩子

# 18 | 中冈家

所在地：神奈川县　川崎市
改建面积：92.27m²
构造与规模：RC公寓
家庭构成：一人

# 19 | 西野家

所在地：千叶县　八千代市
改建面积：68.85m²
构造与规模：RC公寓
家庭构成：本人＋母亲

20 ｜ 沼尻家

所在地：千叶县 佐仓市
改建面积：51.42m²
构造与规模：木造 2 层楼房
家庭构成：夫妇

21 ｜ 原家

所在地：神奈川县 川崎市
占地面积：526.46m²
室内实用总面积：232.74m²
构造与规模：木造 2 层楼房
家庭构成：夫妇 + 3 个孩子

22 ｜ 藤田家

所在地：东京都 世田谷区
改建面积：64.64m²
构造与规模：RC 公寓
家庭构成：夫妇

23 ｜ 船户家

所在地：埼玉县 埼玉市
改建面积：40.00m²
构造与规模：RC 公寓
家庭构成：夫妇 + 2 个孩子

# 24 | 水越家

所在地：东京都 练马区
占地面积：132.24m²
室内实用总面积：128.34m²
构造与规模：木造 2 层楼房
家庭构成：夫妇 + 1 个孩子

# 25 | 南家

所在地：东京都 国分寺市
占地面积：133.34m²
室内实用总面积：101.69m²
构造与规模：木造 2 层楼房
家庭构成：夫妇 + 1 个孩子

# 26 | 向山家

所在地：东京都 练马区
占地面积：145.94m²
室内实用总面积：110.21m²
构造与规模：木造 2 层楼房
家庭构成：夫妇 + 1 个孩子

# 27 | 山田家

所在地：东京都 中野区
占地面积：162.78m²
室内实用总面积：138.93m²
构造与规模：木造 2 层楼房
家庭构成：夫妇 + 2 个孩子

图书在版编目（CIP）数据

意外简单的收纳术 /（日）水越美枝子著；曹永洁
译 . -- 北京：中信出版社，2017.8
ISBN 978-7-5086-7931-0

I.① 意⋯ Ⅱ.① 水⋯ ② 曹⋯ Ⅲ.① 家庭生活－基
本知识 Ⅳ.① TS976.3

中国版本图书馆 CIP 数据核字 (2017) 第 180618 号

ITSU MADEMO UTSUKUSHIKU KURASU SHUUNOU NO RULES
© MIEKO MIZUKOSHI 2016
Originally published in Japan in 2016 by X-Knowledge Co., Ltd.
Chinese (in simplified character only) translation rights arranged with
X-Knowledge Co., Ltd.
Simplified Chinese translation copyright © 2017 by CITIC Press Corporation
本书仅限中国大陆地区发行销售

意外简单的收纳术

著　　者：[日]水越美枝子
译　　者：曹永洁
出版发行：中信出版集团股份有限公司
　　　　　（北京市朝阳区惠新东街甲 4 号富盛大厦 2 座　邮编　100029）
承 印 者：鸿博昊天科技有限公司

开　　本：880mm×1230mm　1/32　　印　张：5.5　　字　数：74 千字
版　　次：2017 年 8 月第 1 版　　印　次：2017 年 8 月第 1 次印刷
京权图字：01-2017-5097　　广告经营许可证：京朝工商广字第 8087 号
书　　号：ISBN 978-7-5086-7931-0
定　　价：45.00 元